U0052235

CHOCOLATE
BAKE

CHOCOLATE
BAKE

CHOCOLATE
BAKE

CHOCOLATE
BAKE

CHOCOLATE BAKE

板狀巧克力就能作！

日常の巧克力甜點

ムラヨシ マサユキ◎著

簡單不失敗的
50道餅乾・馬芬・蛋糕食譜

前言

回想起來，從小我的記憶中就充滿了點心，
媽媽以烤麵包機作出的點心是我的最愛。
其中，巧克力碎片餅乾是很特別的，
我非常、非常喜歡在原味餅乾中散布著的巧克力脆片，
曾經把巧克力脆片單獨挖出來，最後集中在一起吃掉……
作出像這樣如果是現在，自己都想大罵自己一頓的事。

這樣的我如今成了作點心的人，
本次很高興能夠出版關於巧克力點心的書。

雖然由我來說這話有點……
但在每天忙碌的生活中，製作點心是有些麻煩的……對吧？
而且巧克力點心需要注意溫度和狀態，
並使用專門的烘焙用巧克力，非常不容易。
在吃到之前，就因為採購或困難的作法而受到挫折的人應該很多吧？

正是因為如此，我希望在本書中，
集結以市售板狀巧克力就能輕鬆製作的巧克力烘焙點心。
目的是作出「只要攪拌混合就能夠完成」、
「即使有些失誤也能夠有模有樣」等等，
不僅作法簡單，就算有些失敗，也能夠說著：「真好吃呢！」
笑著大口吃掉的日常點心。

第一次挑戰自己動手作、
和重要的人一起享用、讓對方感到開心……
像這樣和點心共度的時光，
若能成為你的重要回憶，我將感到非常榮幸。

ムラヨシマサユキ

CONTENTS

CHOCOLATE BAKE
COOKIE

DROP COOKIE

CRISPY DROP COOKIE

ICEBOX COOKIE

SHORTBREAD

SNOWBALL

BISCOTTI

SCONE

本書注意事項

※1小匙為5㎖，1大匙為15㎖。

※烤箱請預熱到指定溫度。本書中使用電烤箱，若使用瓦斯烤
箱，請將烘烤時間減少3至5分鐘。此外，不同機種烤出來的成
果也不同，因此掌握自己所使用的烤箱狀況也是非常重要的。
如果烤色有不平均的情況，在烘烤過程中將點心的位置前後調
換，就能夠使烤色變得均勻。

※微波爐（弱）是指使用瓦數200W來操作。不同機種的微波
爐，加熱程度也有所差異，請一邊觀察狀態一邊進行加熱。

※材料中「板狀巧克力1片」的重量，「黑巧克力」為50g，「白
巧克力」為40g。

※關於保存期限，常溫下餅乾、司康為1個星期；磅蛋糕為3至4
天；馬芬為2至3天。此外，布朗尼和巧克力蛋糕冷藏可放1個
禮拜。但是，以上只是大致基準，最好還是盡早吃完。

關於 CHOCOLATE BAKE

以板狀巧克力就能輕鬆製作

本書中所使用的的巧克力,全部都是在超市或
便利商店就能購得的板狀巧克力。是大人和小
孩接受度都很高的味道,使用方法也很簡單。
依照本書的食譜,即使不使用稍微高級的烘焙
用巧克力,也能夠作出可以享受到香氣和風味
的、非常美味的烘焙點心。

不需要特別的材料和用具

難得想要製作點心,材料或調理用具卻不容易
備齊,也是很麻煩的事。不過在本書中,所
需要的全部都是隨手可得的東西,很容易就可
以準備好。關於材料和用具的詳細內容請參見
P.49至51。

混合攪拌即可完成！

「將蛋黃和蛋白分開攪拌」或「把蛋白打到八分發」等等步驟，稍微有點麻煩，有時也是烘焙失敗的原因。參閱本書食譜，只要將材料依序加入，混合攪拌即可，完全沒有困難的步驟。即使是第一次烘焙，也能夠愉快地製作。

令人想要一作再作的美味

能夠輕鬆地製作，也不會失敗，而且還好吃得令人驚訝，所以不知不覺就想要再次製作……這就是本書的中心。剛烤好的香氣和酥脆的口感，是唯有親自手作才能品嘗到的奢華。不論是當作給自己的小獎勵，還是作為禮物送給重要的人都非常適合呢！

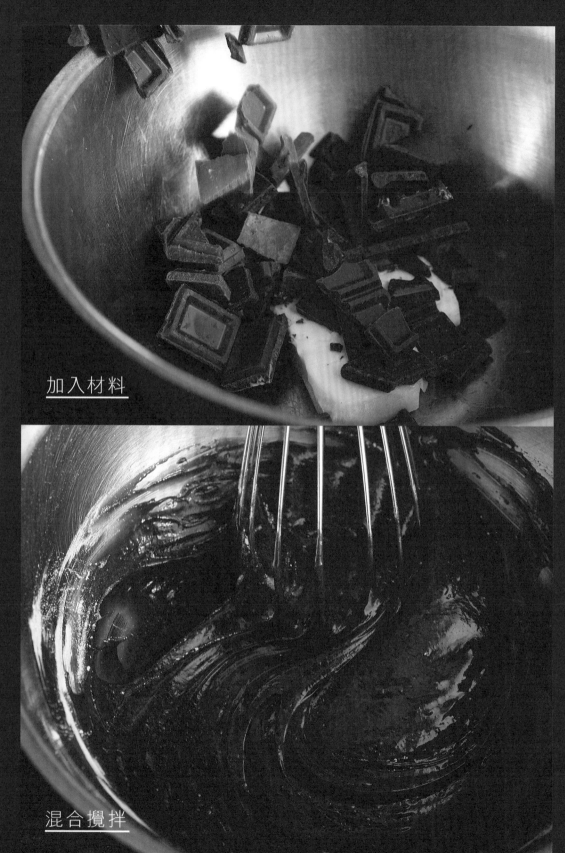

加入材料

混合攪拌

倒入模具

烘烤！

……這樣就能完成
CHOCOLATE BAKE

COOKIE

CHOCOLATE BAKE

享受單純的美味、

因美麗的外形而雀躍……

咬下去的酥脆感、

或在口中鬆鬆化開的食感,

能夠讓身心都充滿幸福感。

請在家享用這不輸給店家的好味道!

DROP
COOKIE

攪拌混合材料，以湯匙將麵糊滴下即可烘烤的餅乾，
優點是即使第一次製作點心，也能夠輕鬆完成。
因為一次能作的數量很多，非常適合當作禮物！

穀麥巧克力碎片餅乾

簡單且吃不膩的美味相當受歡迎！
加了穀麥的酥脆口感令人非常滿足。

[材料] 13至14個份

黑巧克力 … 1片
A 低筋麵粉 … 130g
　泡打粉 … 1/3小匙

B 蛋 … 1個
　砂糖 … 40g
　鹽 … 1小撮
　牛奶 … 2小匙
米油（或沙拉油） … 50g
穀麥 … 100g

[前置作業]

• 將巧克力大致切碎。
• 將 **A** 料混合過篩。

[作法]

1.攪拌混合

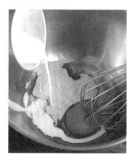   

將 **B** 料依表列順序放入調理盆中。

以打蛋器攪拌。

加入米油，充分混合。

將 **A** 料加入，以刮刀大略攪拌至留有一點粉粒的程度。

2.調整形狀　　　　3.烘烤

加入穀麥、巧克力，將麵糊往調理盆側邊按壓，把配料均勻混合至麵糊中。

以湯匙舀取每球約3至4cm大的麵糊，排放在鋪有烘焙紙的烤盤上。

以叉子的背面將麵糊壓扁成直徑5至6cm的圓形。

放入已預熱至180度的烤箱中，烘烤約20分鐘。出爐後放涼即可。

DROP COOKIE 02# 橘子醬白巧克力碎片餅乾

微苦的麵糊,搭配充滿乳香的白巧克力十分對味。
中央放上橘子醬,好看又華麗。

[材料] 13至14個份

白巧克力 … 1片
A 低筋麵粉 … 160g
　可可粉 … 20g
　泡打粉 … 1/3小匙
B 蛋 … 1個
　砂糖 … 40g
　鹽 … 1小撮
　牛奶 … 2小匙
米油(或沙拉油) … 50g
橘子醬 … 50g

[前置作業]

• 將巧克力大致切碎。
• 將 **A** 料混合過篩。

[作法]

1　將 **B** 料依表列順序放入調理盆中,以打蛋器攪拌,加入米油充分混合。將 **A** 料也加入後,以刮刀大略攪拌至留有一點粉粒的程度,再加入巧克力,將麵糊往調理盆側邊按壓混合。

2　以湯匙舀取步驟**1**的麵糊,每球3至4cm大,保持間距排放在鋪有烘焙紙的烤盤上。以叉子背面壓扁成直徑5至6cm的圓形,再於中央壓出凹洞,每個都放上橘子醬1/2小匙。

3　將步驟**2**的麵糊放入已預熱至180度的烤箱中,烘烤約20分鐘。出爐後放涼即可。

DROP COOKIE 03# 摩卡巧克力碎片餅乾

散發出陣陣的咖啡香,讓餅乾風味更佳!
使用黑巧克力,降低了整體甜度。

[材料] 13至14個份

黑巧克力 … 1片
A 低筋麵粉 … 160g
　泡打粉 … 1/3小匙
B 咖啡(粉末)、牛奶 … 各2小匙
C 蛋 … 1個
　砂糖 … 40g
　鹽 … 1小撮
米油(或沙拉油) … 50g

[前置作業]

• 將巧克力大致切碎。
• 將 **A** 料混合過篩。
• 將 **B** 料混合、溶解咖啡粉。

[作法]

1　依序將 **C** 料、**B** 料放入調理盆中,以打蛋器攪拌,加入米油充分混合。將 **A** 料也加入後,以刮刀大略攪拌至留有一點粉粒的程度,再加入巧克力,將麵糊往調理盆側邊按壓混合。

2　以湯匙舀取**1**的麵糊3至4cm大,保持間距排放在鋪有烘焙紙的烤盤上,以叉子背面壓扁成直徑5至6cm的圓形。

3　將步驟**2**的麵糊放入已預熱至180度的烤箱中,烘烤約20分鐘。出爐後放涼即可。

DROP COOKIE

04#

花生醬巧克力碎片餅乾

花生醬×花生的雙重搭配。
層次感豐富，能享受到濃郁的滋味。

[材料] 13至14個份

黑巧克力 … 1片

A 低筋麵粉 … 140g
泡打粉 … 1/3小匙

B 蛋 … 1個
砂糖 … 40g
鹽 … 1小撮
牛奶 … 2小匙

花生醬（無糖） … 40g
米油（或沙拉油） … 20g
花生（烘烤過） … 30g

[前置作業]

• 將巧克力大致切碎。
• 將 **A** 料混合過篩。

[作 法]

1 將 **B** 料依表列順序放入調理盆中，以打蛋器攪拌，加入花生醬與米油，充分混合。將 **A** 料加入後，以刮刀大略攪拌至留有一點粉粒的程度，再加入巧克力及花生，將麵糊往調理盆側邊按壓混合。

2 以湯匙舀取步驟 **1** 的麵糊3至4cm大，保持間距排放在鋪有烘焙紙的烤盤上，以叉子背面壓扁成直徑5至6cm的圓形。

3 將步驟 **2** 的麵糊放入已預熱至180度的烤箱中，烘烤約20分鐘。出爐後放涼即可。

CRISPY DROP
COOKIE

只使用蛋白，而有清脆的口感。
同樣是以湯匙將麵糊滴下成形的餅乾，味道卻完全不一樣！
兩種餅乾都能夠輕鬆完成，同時享受不同的美味也很棒呢。

DROP
COOKIE

05

柳橙可可酥脆餅乾

柳橙和可可的絕妙組合令人著迷。
依據咬下的地方不同,而有些變化的口感也很吸引人。

[材料] 10至12個份

杏仁(烘烤過) … 50g
A 低筋麵粉 … 30g
　　可可粉 … 1又1/2小匙
蛋白 … 1/2個份(20g)
細砂糖 … 100g
磨碎的柳橙皮 … 1個份

[前置作業]

• 將杏仁大致切碎。
• 將 **A** 料混合過篩。

[作法]

1 將蛋白和細砂糖放入調理盆中,以刮刀充分混合。加入 **A** 料及柳橙皮,大略攪拌至留有一點粉粒的程度,加入杏仁充分混合。

2 舀取步驟 **1** 的麵糊略少於1大匙,保持間距排放在鋪有烘焙紙的烤盤上。

3 將步驟 **2** 的麵糊放入已預熱至180度的烤箱中,烘烤約30分鐘。出爐後放涼即可。

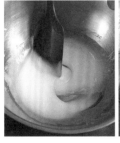

由於每顆蛋的蛋白量有所差異,請調整到20g。依序混合材料,作成有黏性且偏硬的麵糊即可。

麵糊烘烤後會攤平成直徑5cm左右,因此不以叉子壓開也沒關係。麵糊和麵糊之間要空下較大的間距,若無法一次烤完,請分次烘烤。同時須注意不要讓待烤的麵糊變得乾燥,請蓋上濕毛巾或保鮮膜,置於常溫下。

DROP COOKIE

06#

夏威夷豆椰子酥脆餅乾

只要吃一口就忍不住想一再品嘗的美味。
椰子&夏威夷豆的口感和風味也令人上癮。

[材料] 10至12個份

夏威夷豆（烘烤過）… 50g

A 低筋麵粉 … 30g

　可可粉 … 1又1/2小匙

蛋白 … 1/2個份（20g）

細砂糖 … 100g

椰子（絲）… 30g

[前置作業]

• 將夏威夷豆大致切碎。
• 將 **A** 料混合過篩。

[作法]

1 　將蛋白、細砂糖放入調理盆中，以刮刀充分混合。加入 **A** 料後大略攪拌至留有一點粉粒的程度，再加入夏威夷豆與椰子，充分混合。

2 　舀取步驟 **1** 的麵糊略少於1大匙，保持間距排放在鋪有烘焙紙的烤盤上。

3 　將步驟 **2** 的麵糊放入已預熱至180度的烤箱中，烘烤約30分鐘。出爐後放涼即可。

COOKIE │ CRISPY DROP COOKIE

ICEBOX
COOKIE

烘烤前先進行冷藏，形成酥脆、鬆軟化開的口感。
此外，在攪拌混合時，請將麵糰往調理盆邊按壓排出空氣！
如此就能作出質地滑順均勻、外觀漂亮的成品。

可可餅乾

製作冰盒餅乾時，以料理長筷緊緊壓住麵糰、
確實成形是很重要的！外形也會因此有所差異。

[材料] 20至22個份

A 低筋麵粉 … 80g
　　可可粉 … 20g
　奶油（無鹽）… 60g

B 砂糖 … 30g
　　鹽 … 1小撮
　　蛋黃 … 1個
　蛋白 … 1個份
　細砂糖 … 適量

[前置作業]

• 將 **A** 料混合過篩。
• 以微波爐（弱火）將奶油加熱30
　至40秒軟化。

[作法]

1.攪拌混合

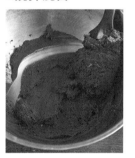  

2.成形

將奶油放入調理盆中，
再依表列順序加入 **B**
料，每次加入都以打蛋
器充分混合。將 **A** 料加
入，並以刮刀攪拌至沒
有粉粒的程度。

以刮刀將麵糰往調理盆
側邊按壓。

混合至不會黏手的程
度。

將麵糰揉成棒狀。

3.烘烤

以烘焙紙包裹。以料理
長筷貼著麵糰下端，一
邊拉緊烘焙紙，一邊調
整成直徑約3cm的圓筒
形，整個放入冰箱，冷
藏2小時以上。

將麵糰從冷藏室取出，
表面塗上薄薄一層蛋
白。

灑滿細砂糖。

將麵糰從其中一端開始，
切成1cm厚的圓片，排放
在鋪有烘焙紙的烤盤上，
放入已預熱至170度
的烤箱，烘烤約20分
鐘。出爐後放涼即可。

ICEBOX COOKIE

02#

起司白芝麻餅乾

甜度較低，味道濃厚的起司×白芝麻鹽味餅乾。
一口接一口，成為那絕妙美味的俘虜。

[材料] 20至22個份

A 低筋麵粉 … 75g
　可可粉 … 20g
奶油（無鹽）… 60g
B 砂糖 … 20g
　鹽 … 1小撮
　蛋黃 … 1個
起司粉 … 25g
炒過的白芝麻 … 15g

[前置作業]

• 將**A**料混合過篩。
• 以微波爐（弱火）將奶油加熱30至
　40秒軟化。

[作法]

1 將奶油放入調理盆中，依表列順序加入**B**料，每次加入都以打蛋器充分混合。將**A**料、起司粉、白芝麻加入，以刮刀攪拌至沒有粉粒的程度，再以刮刀將麵糰往調理盆側邊按壓混合。

2 將步驟**1**的麵糰揉成棒狀，以烘焙紙包裹。以料理長筷貼著麵糰下端，一邊拉緊烘焙紙，一邊調整成直徑約3cm的圓筒形，整個放進冰箱，冷藏2小時以上。

3 將步驟**2**的麵糰取出，從其中一端開始切成1cm厚的圓片，排放在鋪有烘焙紙的烤盤上，放入已預熱至170度的烤箱，烘烤約20分鐘。出爐後放涼即可。

ICEBOX COOKIE

03#

薄荷杏仁餅乾

堅果或茶葉的種類可以依照喜好替換，
變化出不同的香氣和風味，尋找自己喜歡的組合吧！

[材料] 20至22個份

杏仁（烘烤過）… 30g
A 低筋麵粉 … 75g
　可可粉 … 20g
奶油（無鹽）… 60g
B 砂糖 … 30g
　鹽 … 1小撮
　蛋黃 … 1個
薄荷茶葉 … 1茶包份（約2g）
蛋白 … 1個份
細砂糖 … 適量

[前置作業]

• 將杏仁大致切碎。
• 將**A**料混合過篩。
• 以微波爐（弱火）將奶油加熱30至
　40秒軟化。

[作法]

1 將奶油放入調理盆中，再依表列順序加入**B**料，每次加入都以打蛋器充分混合。將**A**料及薄荷茶葉加入，以刮刀攪拌至沒有粉粒的程度，將麵糰往調理盆側邊按壓混合，再加入杏仁並混合。

2 將步驟**1**的麵糰揉成棒狀，以烘焙紙包裹。以料理長筷貼著下端，一邊拉緊烘焙紙，一邊調整成直徑約3cm的圓筒形，整個放進冰箱，冷藏2小時以上。

3 將步驟**2**的麵糰取出，表面塗上薄薄一層蛋白，再灑滿細砂糖。從其中一端開始切成1cm厚的圓片，排放在鋪有烘焙紙的烤盤上，放入已預熱至170度的烤箱，烘烤約20分鐘。出爐後放涼即可。

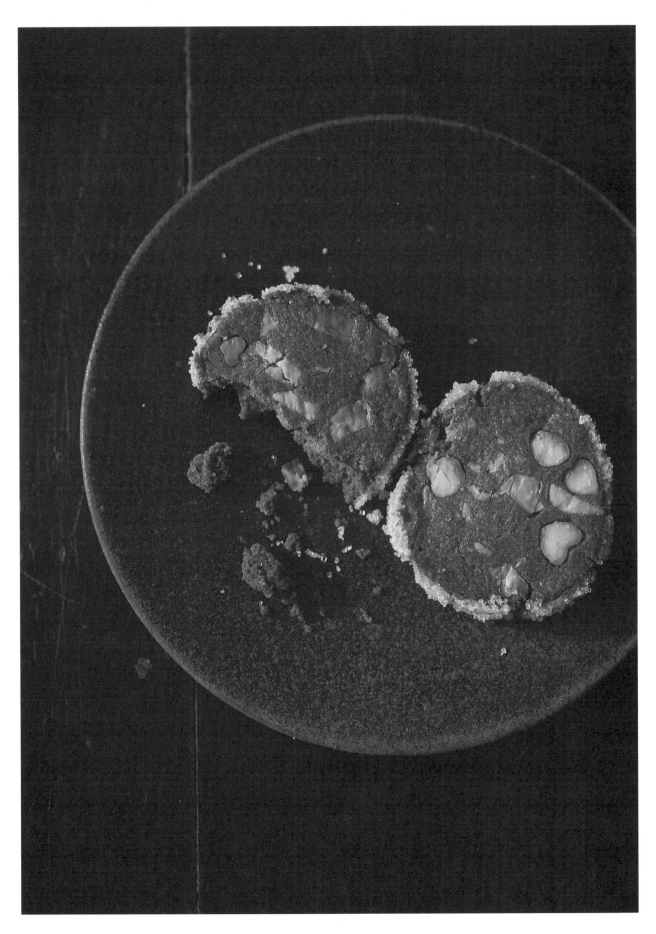

04

白巧克力碎片黃豆粉餅乾

黃豆粉有著令人懷念的甘甜，是所有年紀都喜愛的滋味。
加上開心果鮮明的綠色，呈現洗練的感覺。

[材料] 20至22個份

白巧克力 ⋯ 1片
開心果（烘烤過）⋯ 20g
A 低筋麵粉 ⋯ 75g
　黃豆粉 ⋯ 20g
奶油（無鹽）⋯ 60g
B 砂糖 ⋯ 30g
　鹽 ⋯ 1小撮
　蛋黃 ⋯ 1個
蛋白 ⋯ 1個份
細砂糖 ⋯ 適量

[前置作業]

• 將巧克力及開心果大致切碎。
• 將 A 料混合過篩。
• 以微波爐（弱火）將奶油加熱30
　至40秒軟化。

[作法]

1　將奶油放入調理盆中，再依表列順序
　加入 B 料，每次加入都以打蛋器充分
　混合。將 A 料加入，並以刮刀攪拌至
　沒有粉粒的程度，將麵糰往調理盆側
　邊按壓混合，再加入巧克力與開心果
　混合。

2　將步驟 1 的麵糰揉成棒狀，以烘焙紙
　包裹。以料理長筷貼著下端，一邊拉
　緊烘焙紙，一邊調整成直徑約3cm的圓
　筒形，放進冰箱冷藏2小時以上。

3　將 2 取出，表面塗上薄薄一層蛋白，
　再灑滿細砂糖。從其中一端開始切成
　1cm厚的圓片，排放在鋪有烘焙紙的烤
　盤上，放入已預熱至170度的烤箱，烘
　烤約20分鐘。出爐後放涼即可。

ICEBOX
COOKIE

05

裹巧克力榛果餅乾

堅果和巧克力間的絕妙平衡，給予了每個餅乾豐富的印象。
香草風味的餅乾，和微苦巧克力絕對搭配。

[材料] 20至22個份

低筋麵粉 ⋯ 110g
香草莢 ⋯ 1/2根
奶油（無鹽）⋯ 60g
A 砂糖 ⋯ 30g
   鹽 ⋯ 1小撮
   蛋黃 ⋯ 1個
榛果（烘烤過）⋯ 30g
黑巧克力 ⋯ 2片

[前置作業]

• 將低筋麵粉過篩。
• 將香草莢縱向剖開，以手指壓出
　香草籽。
• 以微波爐（弱火）將奶油加熱30
　至40秒軟化。

[作 法]

1 將奶油放入調理盆中，再依表列順序
加入**A**料，每次加入都以打蛋器充分
混合。將低筋麵粉加入，並以刮刀攪
拌至沒有粉粒的程度，將麵糰往調理
盆側邊按壓混合，再加入榛果、香草
籽並混合。

2 將步驟**1**的麵糰揉成棒狀，以烘焙紙
包裹。以料理長筷貼著下端，一邊拉
緊烘焙紙，一邊調整成約2×4×20cm
的形狀，放進冰箱冷藏2小時以上。

3 將步驟**2**的麵糰取出，從其中一端開
始切成1cm厚的片狀，排放在鋪有烘焙
紙的烤盤上，放入已預熱至170度的烤
箱，烘烤約20分鐘，出爐後留置在烤
盤上放涼。

4 將巧克力掰開放入調理盆中，隔水加
熱融化。將步驟**3**的餅乾半邊浸入巧
克力後，排放在烘焙紙上，充分乾
燥，便可完成。

COOKIE | ICEBOX COOKIE

POINT

浸入巧克力時，也可以如
P.31的餅乾，以傾斜方式
沾取！乾燥時，放在烘焙
紙上就不會沾黏，方便取
下。此外，依喜好在巧
克力裡加一點米油（參見
P.51），薄薄披覆在餅乾
上，能提升光澤感。

ICEBOX COOKIE

06#

裹白巧克力紅茶餅乾

香酥滑順的紅茶餅乾是最棒的美味。
披覆上白巧克力，作出不輸給店家的成品。

[材料] 20至22個份

低筋麵粉 … 110g
奶油（無鹽）… 60g
A 細砂糖 … 30g
　蛋黃 … 1個
紅茶葉（伯爵）… 1茶包份（約3g）
白巧克力 … 2片

[前置作業]

• 將低筋麵粉過篩。
• 以微波爐（弱火）將奶油加熱30
　至40秒軟化。

[作法]

1 將奶油放入調理盆中，依表列順序加入 **A** 料，每次加入都以打蛋器充分混合。將低筋麵粉加入，並以刮刀攪拌至沒有粉粒的程度，再加入紅茶葉，以刮刀將麵糰往調理盆側邊按壓混合。

2 將步驟 **1** 的麵糰揉成棒狀，以烘焙紙包裹。以料理長筷貼著下端，一邊拉緊烘焙紙，一邊整形成約2×4×20cm的形狀，放進冰箱冷藏2小時以上。

3 將步驟 **2** 的麵糰取出，從其中一端開始切成1cm厚的片狀，排放在鋪有烘焙紙的烤盤上，放入已預熱至170度的烤箱，烘烤約20分鐘，出爐後留置在烤盤上放涼。

4 將巧克力掰開，放入調理盆中，隔水加熱融化。將步驟 **3** 的餅乾半邊浸入巧克力後，排放在烘焙紙上，充分乾燥，便可完成。

ICEBOX COOKIE

07#

裹白巧克力焙茶餅乾

將焙茶葉細細磨碎吧！
口感和香氣會變得更好，作出令人著迷的滋味。

[材料] 20至22個份

焙茶葉 … 1茶包份（約3g）
低筋麵粉 … 110g
奶油（無鹽）… 60g
A 砂糖 … 30g
　蛋黃 … 1個
白巧克力 … 2片

[前置作業]

• 將低筋麵粉過篩。
• 將焙茶的茶葉放入研磨缽中，用研磨杵磨細。
• 以微波爐（弱火）將奶油加熱30至40秒軟化。

[作法]

1 將奶油放入調理盆中，再依表列順序加入 **A** 料，每次加入都以打蛋器充分混合。將低筋麵粉加入，並以刮刀攪拌至沒有粉粒的程度，再加入焙茶葉，以刮刀將麵糰往調理盆側邊按壓混合。

2 將步驟 **1** 的麵糰揉成棒狀，以烘焙紙包裹。以料理長筷貼著下端，一邊拉緊烘焙紙，一邊調整成約2×4×20cm的形狀，放進冰箱冷藏2小時以上。

3 將步驟 **2** 的麵糰取出，從其中一端開始切成1cm厚的片狀，排放在鋪有烘焙紙的烤盤上，放入已預熱至170度的烤箱，烘烤約20分鐘。出爐後放涼。

4 將巧克力掰開放入調理盆中，隔水加熱融化。將步驟 **3** 的餅乾半邊傾斜，浸入巧克力後，排放在烘焙紙上，充分乾燥，便可完成。

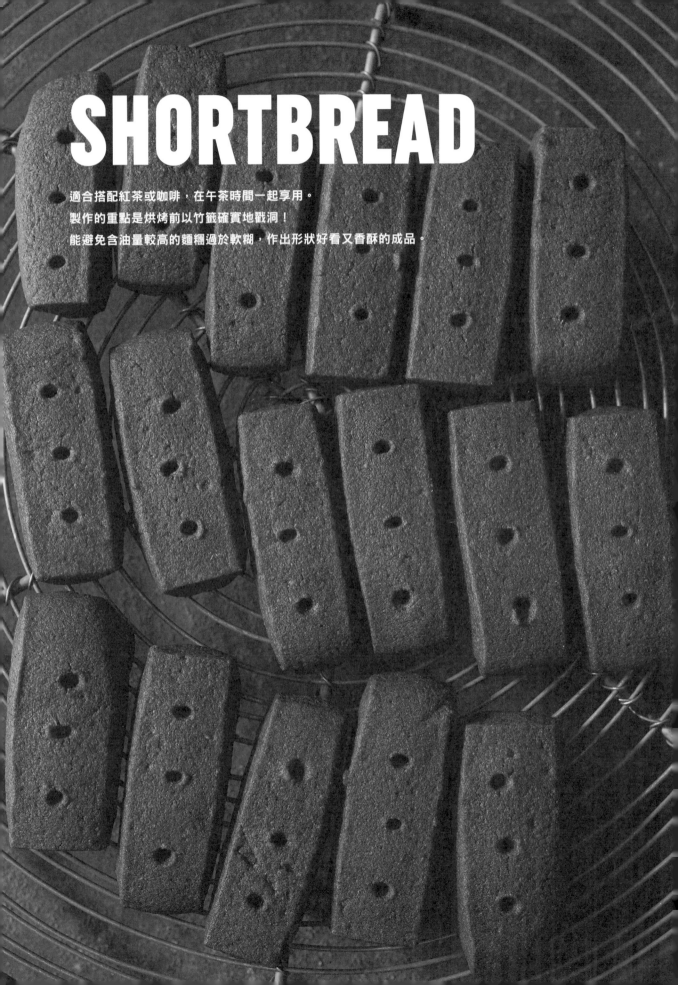

SHORTBREAD

適合搭配紅茶或咖啡，在午茶時間一起享用。
製作的重點是烘烤前以竹籤確實地戳洞！
能避免含油量較高的麵糰過於軟糊，作出形狀好看又香酥的成品。

SHORTBREAD
01#

可可奶油酥餅

使用糖粉作出沒有雜味的清爽甘甜！
為了保持形狀好看，冷卻後要快速進行製作。

[材料] 18至20個份

A 低筋麵粉 … 60g
　杏仁粉 … 15g
　可可粉 … 5g
奶油（無鹽）… 50g

B 糖粉 … 20g
　鹽 … 1小撮
　牛奶 … 1小匙

[前置作業]

• 將 **A** 料混合過篩。
• 以微波爐（弱火）將奶油加熱30至40秒軟化。

[作法]

1.攪拌混合

將奶油放入調理盆中，再依表列順序加入 **B** 料。

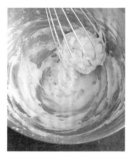

每次加入都以打蛋器充分混合。

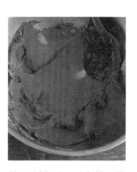

將 **A** 料加入，以刮刀攪拌至沒有粉粒的程度，將麵糰往調理盆側邊按壓，混合到不會黏手的程度。

2.冷卻

準備2張烘焙紙，1張平鋪後，將麵糰揉成圓形放上，再疊上另1張烘焙紙。從上方按壓，將麵糰延展成約1cm厚，10x15cm大小，接著放進冰箱冷藏1小時以上。

3.烘烤

將麵糰從冷藏室取出，橫切一半，從邊緣開始切成1.5cm寬的棒狀。

排放在鋪有烘焙紙的烤盤上，每塊麵糰都以竹籤戳出3個洞。

放入已預熱至170度的烤箱，烘烤約25分鐘，出爐後放涼即完成。

SHORTBREAD 02# 黑芝麻白巧克力奶油酥餅

豐厚的芝麻風味和白巧克力的香甜是絕妙組合！
請務必嚐嚐看這相互調和的美味。

[材料] 16個份

白巧克力 … 1片
A 低筋麵粉 … 70g
　 杏仁粉 … 10g
奶油（無鹽）… 50g
B 糖粉 … 20g
　 鹽 … 1小撮
　 牛奶 … 1小匙
炒過的黑芝麻 … 2小匙

[前置作業]

• 將巧克力大致切碎。
• 將 **A** 料混合過篩。
• 以微波爐（弱火）將奶油加熱30至
　40秒軟化。

[作 法]

1 將奶油放入調理盆中，再依表列順序加入 **B** 料，
每次加入都以打蛋器充分混合。將 **A** 料加入，以
刮刀攪拌至沒有粉粒的程度，將麵糰往調理盆側
邊按壓混合，再加入巧克力與黑芝麻混合。

2 準備2張烘焙紙，1張平鋪後，將步驟 **1** 的麵糰揉
成圓形放上，再放上另1張烘焙紙。從上方按壓，
將麵糰延展成約1cm厚、10x15cm大小，接著放進
冰箱冷藏1小時以上。

3 將步驟 **2** 的麵糰取出，縱向和橫向各切3刀，切
成長方形。排放在鋪有烘焙紙的烤盤上，每塊麵
糰都以竹籤戳出4個洞。放入已預熱至170度的烤
箱，烘烤約25分鐘，出爐後放涼即完成。

SHORTBREAD 03# 香料可可奶油酥餅

在舌尖融化的輕盈食感令人著迷。
微苦的甘甜佐上香料的香氣，怎麼吃都不膩。

[材 料] 16個份

A 低筋麵粉 … 55g
　 杏仁粉 … 15g
　 可可粉 … 5g
　 肉桂、肉豆蔻 … 各1/2小匙
奶油（無鹽）… 50g
B 砂糖 … 20g
　 鹽 … 1小撮
　 牛奶 … 1小匙
粗粒黑胡椒 … 少許

[前置作業]

• 將 **A** 料混合過篩。
• 以微波爐（弱火）將奶油加熱30至
　40秒軟化。

[作 法]

1 將奶油放入調理盆中，再依表列順序加入 **B** 料，
每次加入都以打蛋器充分混合。將 **A** 料加入，以
刮刀攪拌至沒有粉粒的程度，將麵糰往調理盆側
邊按壓混合。

2 準備2張烘焙紙，1張平鋪後，將步驟 **1** 的麵糰揉
成圓形放上，將黑胡椒撒在麵糰上，再放上另1張
烘焙紙。從上方按壓，將麵糰延展成約1cm厚、
10x15cm大小，接著放進冰箱冷藏1小時以上。

3 將步驟 **2** 的麵糰取出，縱向和橫向各切3刀，再
沿對角線切成三角形。排放在鋪有烘焙紙的烤盤
上，每塊麵糰都以竹籤戳出4個洞。放入已預熱至
170度的烤箱，烘烤約25分鐘，出爐後放涼即完
成。

SNOW
BALL

圓滾滾的可愛形狀，以及在口中化開的食感，
是在烘烤前將麵糰充分冷卻、鬆弛而形成的。
這樣的美味只要三個步驟就能完成，真是令人感動！

可可雪球餅乾

以雪白的糖粉包裹可可口味的微苦餅乾所製成。
吃下瞬間，驚人的酥鬆感使人著迷。

[材料] 18至19個份

A 低筋麵粉 … 50g
　杏仁粉 … 20g
　可可粉 … 1小匙

胡桃（烘烤過） … 30g
奶油（無鹽） … 50g
砂糖 … 30g
糖粉 … 適量

[前置作業]

• 將胡桃切碎。
• 將**A**料低筋麵粉過篩。
• 以微波爐（弱火）將奶油加熱
　30至40秒軟化。

[作 法]

1.攪拌混合

   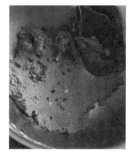

將奶油及砂糖放入調理盆中。　以刮刀攪拌混合。　再加入胡桃與**A**料。　將麵糰往調理盆側邊按壓混合。

2.揉成球形、冷卻

3.烘烤

取適量麵糰，在手中揉成直徑約2.5cm的球形。

放入烤盤中，蓋上保鮮膜，放入冰箱冷藏30分鐘。

將麵糰保持間距，排放在鋪有烘焙紙的烤盤上，放入已預熱至170度的烤箱，烘烤約20分鐘，表面有帶有一點烤色即可。

取出後放涼，並灑上糖粉即完成。

COOKIE ｜ SNOW BALL

SNOW BALL

02# 薑味可可雪球餅乾

以生薑的味道襯托，讓人吃了還想再吃。
材料中的生薑和砂糖，也可以「生薑糖20g」來替代！

[材料] 18至19個份

A 低筋麵粉 … 50g
   杏仁粉 … 20g
   可可粉 … 1小匙（2g）
奶油（無鹽）… 50g
砂糖 … 30g
薑末 … 10g
糖粉 … 適量

[前置作業]

• 將 **A** 料低筋麵粉過篩。
• 以微波爐（弱火）將奶油加熱30至40
  秒軟化。

[作法]

1 將奶油及砂糖放入調理盆中，以刮刀攪拌混合，再加入 **A** 料及薑末，將麵糰往調理盆側邊按壓混合。

2 取適量步驟 **1** 的麵糰，在手中揉成直徑約2.5cm的球型，放入烤盤中，蓋上保鮮膜放入冰箱冷藏30分鐘。

3 將步驟 **2** 的麵糰保持間距，排放在鋪有烘焙紙的烤盤上，放入已預熱至170度的烤箱，烘烤約20分鐘，表面有帶有一點烤色即可。取出後放涼，並灑上糖粉即完成。

SNOW BALL

03# 藍莓黑雪球餅乾

請將等量的可可粉和細砂糖混合灑上。
可可粉若有剩餘，加水調成膏狀，作成飲品也很棒。

[材料] 18至19個份

A 低筋麵粉 … 55g
   杏仁粉 … 20g
奶油（無鹽）… 50g
砂糖 … 30g
藍莓（乾）… 18至19粒
B 可可粉、細砂糖 … 各適量

[前置作業]

• 將 **A** 料低筋麵粉過篩。
• 以微波爐（弱火）將奶油加熱30至40秒
  軟化。

[作法]

1 將奶油及砂糖放入調理盆中，以刮刀攪拌混合，再加入 **A** 料，將麵糰往調理盆側邊按壓混合。

2 取適量步驟 **1** 的麵糰，包裹1顆藍莓，在手中揉成直徑約2.5cm的球狀，放入烤盤中，蓋上保鮮膜放入冰箱冷藏30分鐘。

3 將步驟 **2** 的麵糰，保持間距排放在鋪有烘焙紙的烤盤上，放入已預熱至170度的烤箱，烘烤約20分鐘，表面有帶有一點烤色即可。取出後放涼，並灑上混合過的 **B** 料即完成。

COOKIE ｜ SNOW BALL

BISCOTTI

以義大利文中的「烤兩次」作為名稱的點心。
先烤過一次才切開，因此麵糰不會潰散，能作出外形俐落的成品。
慢慢地烤得酥脆乾燥，泡在咖啡裡吃也很適合。

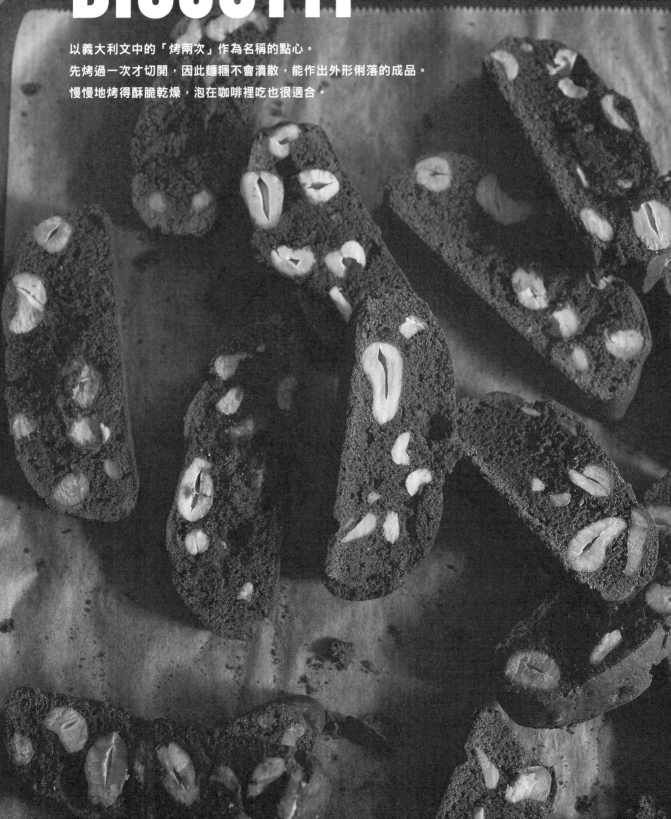

BISCOTTI
01#

腰果可可義式脆餅

微苦的香氣令人無法克制，是屬於大人的點心。
即使是不愛甜食的人也會喜歡的一品。

[材料] 約13個份

A 低筋麵粉 … 100g
　 杏仁粉 … 50g
　 可可粉 … 15g
　 泡打粉 … 1/2小匙

B 蛋（M尺寸）… 1個
　 細砂糖 … 60g
　 鹽 … 1小撮
腰果（烘烤過）… 50g

[前置作業]

• 將 **A** 料混合過篩。

[作法]

1.攪拌混合

將 **B** 料放入調理盆中，以打蛋器攪拌至泛白。

加入 **A** 料，以刮刀攪拌至沒有粉粒的程度。

加入腰果，壓入麵糰中混合。

2.整形

將麵糰放在鋪有烘焙紙的烤盤上，調整成約20×5cm的橢圓柱形，並抹平表面。

以已預熱至170度的烤箱烘烤約20分鐘，取出後趁熱斜切成1.5cm寬的片狀。

3.烘烤

將餅乾的切面朝上，排放在鋪有烘焙紙的烤盤上，放入已預熱至150度的烤箱，再次烘烤約40分鐘。出爐後放涼即完成。

楓糖胡桃可可義式脆餅

散發可可及堅果風味的樸素餅乾。
搭配葡萄酒,當作下酒點心也很棒。

[材料]　約13個份

胡桃(烘烤過)… 50g
A 低筋麵粉 … 110g
　│ 杏仁粉 … 50g
　│ 可可粉 … 15g
　│ 泡打粉 … 1/2小匙
B 蛋 … 1個(M尺寸)
　│ 楓糖漿 … 2大匙
　│ 鹽 … 1小撮

[前置作業]

• 將胡桃大致切碎。
• 將 **A** 料混合過篩。

[作 法]

1 將 **B** 料放入調理盆中,以打蛋器攪拌混合至泛白。加入 **A** 料,以刮刀攪拌至沒有粉粒的程度,再加入胡桃,並壓入麵糰中混合。

2 將步驟**1**的麵糰放在鋪有烘焙紙的烤盤上,調整成約20×5cm的橢圓柱形,並抹平表面。放入已預熱至170度的烤箱,烘烤約20分鐘,取出後趁熱斜切成1.5cm寬的片狀。

3 將步驟**2**的餅乾切面朝上,排放在鋪有烘焙紙的烤盤上,放入已預熱至150度的烤箱,再次烘烤約40分鐘。出爐後放涼即完成。

巧克力脆片椰子義式脆餅

帶有蜂蜜味的麵糰,與椰子的味道和口感相當適合。
細細咀嚼越能夠感受到食材的美味。

[材料]　約13個份

黑巧克力 … 1片
A 低筋麵粉 … 110g
　│ 杏仁粉 … 50g
　│ 泡打粉 … 1/2小匙
B 蛋 … 1個(M尺寸)
　│ 蜂蜜 … 2大匙
　│ 鹽 … 1小撮
椰子(絲) … 30g

[前置作業]

• 將巧克力大致切碎。
• 將 **A** 料混合過篩。

[作 法]

1 將 **B** 料放入調理盆中,以打蛋器攪拌混合至泛白。加入 **A** 料與椰子,以刮刀攪拌至沒有粉粒的程度,再加入巧克力混合。

2 將步驟**1**的麵糰放在鋪有烘焙紙的烤盤上,調整成約20×5cm的橢圓柱形,並抹平表面。放入已預熱至170度的烤箱,烘烤約20分鐘,取出後趁熱斜切成1.5cm寬的片狀。

3 將步驟**2**的切面朝上,排放在鋪有烘焙紙的烤盤上,放入已預熱至150度的烤箱,再次烘烤約40分鐘。出爐後放涼即完成。

SCONE

司康的精髓在於外部酥脆，內部卻濕潤鬆軟，
為了達到這樣的食感，「材料直到使用之前冷藏」&「快速製作」非常重要！
此外，製作過程中要盡可能不讓奶油融化，攪拌混合成鬆散狀態。

全麥巧克力司康

全麥麵粉的濃郁香氣，搭上融化的巧克力是絕品。
剛出爐的最美味瞬間，只有親手製作才能享受到。

[材料] 5個份

A 低筋麵粉、全麥麵粉 … 各100g
　泡打粉 … 2小匙
B 蛋黃 … 1個
　牛奶 … 100㎖
　細砂糖 … 20g
　鹽 … 1/3小匙

奶油（無鹽）… 80g
黑巧克力 … 1片
手粉、牛奶 … 各適量

[前置作業]

- 將巧克力大致切碎。
- 將**A**料混合過篩，將**B**料混合，各放入冰箱冷藏約30分鐘。
- 將奶油切成1cm丁狀，放入冰箱冷藏至使用前。

[作法]

1.攪拌混合

將**A**料及奶油放入調理盆中，以刮板或叉子切拌混合。

以指腹或兩手快速搓拌混合。

混合至鬆鬆的狀態。

加入**B**料，以刮刀攪拌至沒有粉粒的程度。

加入巧克力，稍微揉捏混入麵糰中。

2.整形

將手粉灑在調理台上，取出麵糰放上，也在麵糰上灑上手粉。以手從上方按壓整平，延展成約3cm厚、12×12cm大小。

將四邊各切掉約1cm，成四方形後，對半縱切。再沿對角線切成三角形，並將切掉的邊揉成一團。

3.烘烤

將麵糰排放在鋪有烘焙紙的烤盤上，表面塗上薄薄一層牛奶。放入已預熱至190度的烤箱，烘烤約18分鐘，出爐後移至蛋糕冷卻架上放涼，完成！

COOKIE | SCONE

SCONE 02# 白巧克力葡萄乾司康

白巧克力賦予整個麵糰溫和的甜味。
葡萄乾中濃縮的美味給人濃濃的滿足感！

[材料] 5個份

A 低筋麵粉、全麥麵粉 … 各100g

　泡打粉 … 2小匙

B 蛋黃 … 1個

　牛奶 … 100㎖

　細砂糖 … 20g

　鹽 … 1/3小匙

奶油（無鹽） … 80g

白巧克力 … 1片

葡萄乾 … 50g

手粉、牛奶 … 各適量

[前置作業]

• 將巧克力大致切碎。

• 將 **A** 料混合過篩，將 **B** 料混合，各放入冰箱冷藏約30分鐘。

• 將奶油切成1㎝丁狀，放入冰箱冷藏至使用前。

[作法]

1 將 **A** 料及奶油放入調理盆中，以刮板或叉子切拌混合，再以指腹或兩手快速搓拌混合，至鬆散狀態。加入 **B** 料，以刮刀攪拌至沒有粉粒的程度，再加入巧克力與葡萄乾，稍微揉捏混入麵糰中。

2 將手粉灑在調理台上，取出步驟 **1** 的麵糰放上，也在麵糰上灑上一些手粉。以手從上方按壓整平，延展成約3㎝厚、12x12㎝大小。將四邊各切掉約1㎝，成四方形後，十字切成四等分。並將切掉的邊揉成一團。

3 將步驟 **2** 的麵糰排放在鋪有烘焙紙的烤盤上，表面塗上薄薄一層牛奶。放入已預熱至190度的烤箱，烘烤約18分鐘。出爐後移至蛋糕冷卻架放涼，完成！

SCONE 03# 黑芝麻紅豆可可司康

以油品取代奶油，更能簡單製作。
清爽的司康麵糰和日式食材的深厚滋味相當搭配。

[材料] 5個份

A 低筋麵粉 … 150g

　全麥麵粉 … 40g

　可可粉、泡打粉 … 各2小匙

B 蛋黃 … 1個

　牛奶 … 100㎖

　細砂糖 … 20g

　鹽 … 1/3小匙

C 炒過的黑芝麻 … 50g

　米油（或沙拉油） … 2大匙

甘納豆（紅豆） … 50g

手粉、牛奶 … 各適量

[前置作業]

• 將 **A** 料混合過篩，將 **B** 料混合，各放入冰箱冷藏約30分鐘。

[作法]

1 將 **C** 料放入調理盆中混合。加入 **A** 料，並以叉子切拌混合，再以指腹或兩手快速搓拌混合，至鬆散狀態。加入 **B** 料，以刮刀攪拌至沒有粉粒的程度，再加入甘納豆，稍微揉捏混入麵糰中。

2 將手粉灑在調理台上，取出步驟 **1** 的麵糰放上，也在麵糰上灑上一些手粉。以手從上方按壓整平，延展成約3㎝厚、12x12㎝大小。將四邊以菜刀或刮板各切掉約1㎝，成四方形後，縱切成四等分。將切掉的邊揉成一團。

3 將步驟 **2** 的麵糰排放在鋪有烘焙紙的烤盤上，表面塗上薄薄一層牛奶。放入已預熱至190度的烤箱，烘烤約18分鐘，取出後放在蛋糕冷卻架放涼，完成！

用具
TOOL

只要使用隨手可得的調理用具，不論是餅乾或蛋糕都能迅速完成。
要能夠順暢地製作，尺寸和使用起來的感覺都是很重要的，
請參考本書所使用的用具來選擇。

□ 調理盆

直徑為20至22cm。太大或太小在混合粉類時都不易使用，這個尺寸是最剛好的。

□ 刮刀

手柄和刮刀一體成形的矽膠製品。除了方便清潔之外，操作時也很容易施力。

□ 打蛋器

長度為27cm。放入調理盆內時，手柄可以完全超出盆外的尺寸，會比較方便攪拌，較容易使用。選購的時候可以和調理盆比較看看。

□ 刮板

稍微可以「彎軟」的硬度比較方便使用。選擇握住時能和自己的手相合的、容易掌握的刮板。

□ 烤盤

大小為20.5×16×3cm，是熱傳導率高、冷卻性也良好的琺瑯加工品。同樣大小的不鏽鋼製品也能夠用發揮相同作用。

□ 烘焙紙

防止麵糰沾黏在烤盤或模具上，是製作甜點時不可或缺的用具。有用完即丟和可重複使用的種類，可依喜好使用。

□ 模具

模具除了烤盤之外，也會使用「馬芬模具（27×18×3cm）」、「磅蛋糕模具（18×8×6cm）」、「圓形模具（直徑15cm）」。不同的材質，價格會有很大差異，使用市售的紙製品同樣可以。此外，本書食譜中的磅蛋糕，以圓形模具製作也沒有問題。相對地，使用圓形模具製作的巧克力蛋糕食譜，也調整成可以使用磅蛋糕模具製作，請活用手邊有的模具來作作看。

材料
INGREDIENTS

以下介紹在本書中不可或缺的材料。
沒有使用特殊的種類，都是在超市等處就能夠買到的。
在選購材料前，感到猶豫該買什麼的時候，請務必閱讀一下這部分。

☐ 巧克力

皆使用板狀巧克力。主要使用可可風味濃郁的黑巧克力，但也可以味道溫和的牛奶巧克力替代。此外，想要突顯紅茶或水果等配料的味道和香氣時，推薦使用白巧克力。

☐ 低筋麵粉

雖然有各式各樣的種類，但只要鄰近的超能夠買到的就可以了。注意開封後要盡快使用完畢，保存期限建議為常溫3至4個禮拜。如果實在沒辦法用完，請放在密封容器內，存放在冷藏室。

☐ 可可粉

依種類不同，味道也有所差異，用於製作點心時，請使用不含砂糖等添加物的100%純可可！能夠增加風味，作出香氣良好的成品。此外，開封後要確實密封，存放在冷藏室，可以維持其美味。

☐ 砂糖

本書中標示「砂糖」的部分，都是指紅砂糖。味道濃郁的紅砂糖，能讓風味更有深度。而以清爽甜味為特色的細砂糖和糖粉，則非常適合用於提味。

□ 奶油

請選用不含鹽的奶油。能夠使麵糰風味更佳,賦予濃厚的口感,也能增加濕潤感。此外,要軟化奶油時,置於常溫下會有損其風味,因此建議使用微波爐。以10秒為單位來加熱,一邊觀察狀態一邊將其軟化。

□ 油

會決定麵糰的質地,本書中皆使用米油來製作。米油與橄欖油或菜籽油等油品相比,沒有強烈的氣味,味道單純,因此很適合用來製作點心。不會影響到材料具有的風味,能夠使之充分發揮。

□ 泡打粉

作用是讓麵糰膨脹,是製作點心時不可或缺的。開封一段時間的泡打粉,膨脹麵糰的效果會變差,要多加注意。建議確實密封並常溫保存,開封後請在半年內使用完畢。

□ 蛋

蛋黃能夠讓麵糰濕潤,並增加濃厚口感,蛋白則能使麵糰蓬鬆,作出鬆脆的成品。雖然蛋的大小有個別差異,但除了義式脆餅要用M尺寸的蛋之外,其他的食譜使用M尺寸或L尺寸都可以。

要送禮物給家人、朋友或重要的人時，成功作出點心之後，也會希望包裝得美麗。以下介紹的是利用身邊的東西，就可以簡單完成的包裝方法，請大家一定要試試看。

要包裝外觀漂亮的餅乾，透明的袋子是最好的！將沒有圖案的紙一併以釘書機釘上，還可以附上留言。

將蛋糕以烘焙紙一塊塊包好，兩端捲起來即可。貼上喜愛的紙膠帶，更加美麗。

將形狀可愛的馬芬以烘焙紙包裹，上端束起即可。再裝飾一點人造花或香草等，看起來更有質感。

利用果醬等空瓶裝起，再繫上緞帶也很好看。如果將乾燥劑（矽膠）一起放入，能使好滋味持續更久。

製作果凍時使用的透明容器，最適合拿來裝尺寸小的點心。以紙膠帶固定蓋子，增添設計感。

在木製模具「pani-moule」中鋪上紙張，放入蛋糕，再放進透明袋子中，以麻繩或緞帶打結就完成了。

以烘焙紙將磅蛋糕或巧克力蛋糕整個包起來也很好。再繫上較粗的緞帶，呈現特別風格。

將餅乾排放在鋁製的小型磅蛋糕模具中，再放入透明袋。好處是方便攜帶，裡面的點心也不容易變形。

"NOT BAKE" CHOCOLATE

生巧克力

無法想像是在家就能簡單作出的成品，令人感動！
在口中瞬間融化，沉浸在幸福的餘韻中。

[**材料**] 20.5×16×3cm的烤盤1個份

黑巧克力 … 3片

A 鮮奶油（乳脂肪含量40％以上）… 90mℓ

| 蜂蜜 … 1/2大匙

可可粉 … 適量

[**作法**]

1 將巧克力掰開放入調理盆中，隔水加熱融化。

2 在小鍋中放入**A**料，以中火加熱至冒出熱氣。再加到步驟**1**的調理盆中，垂直握住打蛋器慢慢攪拌，避免空氣混入。

3 將步驟**2**的材料倒入鋪有烘焙紙的烤盤上，稍微放涼後，放入冰箱冷藏約2小時凝固。取出放在撒有可可粉的調理台上，切成3cm的方形，再灑上可可粉即完成。

POINT

攪拌時如果混入了空氣，會形成氣泡而使口感變差。不要焦急，慢慢大幅度地攪拌吧。

直接觸摸巧克力會因為體溫而融化，可以在巧克力和手指上都撒滿可可粉，來進行操作。

在此介紹不須烘烤就很好吃的巧克力點心！
任誰都會驚呼「美味！」的「生巧克力」和「熱巧克力」，
請享受以板狀巧克力就能製作的正統滋味。

熱巧克力

可可和香料的香氣令人感覺安穩、放鬆。
冷熱皆宜，請依喜歡的方式享用。

[材料] 方便製作的份量

A 細砂糖 … 3大匙
　可可粉 … 2大匙
　肉桂 … 少許
　小豆蔻 … 若有可加少許
薑汁 … 2小匙
水 … 50ml

[作法]

1　將 **A** 料放入調理盆中，以較小的打蛋器充分混
　　合。加入薑汁混合後，將水少量多次加入，並攪拌
　　融合。
　　※此狀態放入密封容器裡，置於冰箱冷藏可以保存5至6天。

2　在杯中放入1大匙步驟**1**的材料，注入約150ml熱牛
　　奶（或豆漿，皆份量外）再加以混合，便可享用。

POINT

含有薑汁及可可粉，溫暖
身體的效果加倍！從身體
的中心漸漸感受到溫熱。

一次加入大量的水會造成
結塊，少量多次加入，可
以形成滑順的膏狀。

不分日夜，想著甜點

我因為從小就喜歡甜點，所以高中畢業後，馬上就到甜點店工作。第一次看到巨大的烤箱和攪拌器，還有堆積如山的砂糖和雞蛋時，我瞬間就入迷了，生活完全被甜點圍繞！也讓我越來越深陷其中。

在休假時，我也開始探訪有興趣的店。為了盡可能把零用錢都用在甜點上，所以去程會坐電車，帶著地圖逛到那些想去的店家，回程則花幾個小時走回家，以這樣的方式持續著。不知不覺地圖上就寫滿了店家及吃過的東西的紀錄，自己的喜好一目了然。

不過，在只去巧克力專賣店的日子，第一次「在吃的戰役中徹底失敗」。在第一家店時還為風味的不同或細緻所感動，但從第三家店開始變得不明所以，到了第五家店甚至只能攤坐在路邊了……

不過，雖然經歷了這樣的戰敗，但我的優點正是「不會白白跌倒」（笑）。從這天開始，再重新檢視一次至今所作的紀錄，而自我反省到，我所寫的感想欠缺「一致性」，雖然是以學習為名目，但其實只是吃了想吃的東西而已。我了解到有計劃地試吃比較，味覺習慣後，更能夠冷靜地去分析味道。之後都會先決定如「巧克力蛋糕日、草莓蛋糕日、起司蛋糕日、泡芙日……」等主題，再進行店家的探訪。

而現在我正熱中於研究便利商店販售的甜點，或食品製造商推出的點心、冰淇淋、麵包。身為料理研究家，為了想出在家也能製作的食譜，如果只吃專賣店的商品，即使有受到影響也無法拿來參考，就算嘗試製作，也只是作出品質不佳的模仿料理罷了。因此，在便利商店販賣的價格便宜、任何人都能夠購買的商品或暢銷商品、各個季節的新商品，對現在的我來說都是非常重要的學習對象。

……像這樣，不知不覺就說了聽起來很帥氣的話，但其實就是自己真的非常喜愛甜點而已。便利商店的甜點推出新品時，我會很高興地試吃，比較看看有什麼變化。如果是巧克力點心，各個季節發售的新商品一旦推出就必定購買，和去年的版本比較新的味道組合、食材的使用方法及趨勢等等。即使是這樣，但因為淋了巧克力的脆餅、香菇形狀＆竹筍形狀的點心實在出了太多不同種類，要趕上新商品真的很不容易。我作為粉絲真是既高興又煩惱，一直非常努力地追趕著。

專賣店、便利商店甜點、製造商推出的點心……這個觀察之旅之後也會一直持續著，我深深感受到，不斷重複著「享用甜點，然後製作出來」的日子，對自己來說是最有趣、幸福的時光。

CAKE

能夠享受到濃濃巧克力滋味的，

濕潤、滑順的成品。

本書收錄了各種人氣品項，

不但能體會到製作的樂趣，

相信送禮給重要的人而得的那份喜悅也會隨之而來，

請一定要試試看。

BROWNIE

美味的祕訣在於作出有黏性且濕潤的麵糰。
攪拌混合時注意不要讓空氣混入麵糰，垂直握住打蛋器慢慢地進行，
烘烤時小心不要烤過頭，就能作出很好的成品。

布朗尼

BROWNIE 01#

加入即溶咖啡而讓風味變得更好、更有深度。
放了很多的核桃,是外觀和味道的亮點。

[材料] 20.5×16×3cm的烤盤1個份

A 黑巧克力 … 2片
　　奶油(無鹽) … 50g
　　核桃(烘烤過) … 80g
　　低筋麵粉 … 50g

B 咖啡(粉末) … 1/2小匙
　　蛋 … 2個
　　細砂糖 … 70g
　　鹽 … 1小撮

[前置作業]

• 將 **A** 料中的巧克力掰開,放入
　調理盆中,加入奶油,隔水加
　熱至融化。

• 將核桃的一半份量大致切碎。

• 將低筋麵粉過篩。

[作法]

1.攪拌混合

將 **B** 料依表列順序,加入
裝有 **A** 料的調理盆中,垂
直握住打蛋器慢慢攪拌,
避免空氣混入。

加入低筋麵粉,以相同
方式混合。

加入切碎的核桃,也以
相同方式混合。

2.烘烤

將麵糰倒入鋪有烘焙紙
的烤盤,灑上剩下的核
桃。

放入已預熱至160度的
烤箱,烘烤約23分鐘,
烤至插入竹籤會沾有一
點 麵 糰 的 狀 態 即 可 取
出,放涼後即完成。

POINT

所謂「隔水加熱」,即是以比調理盆稍微大一些的鍋
子,將水煮沸後關火,再疊放調理盆,間接加熱裡面
的材料。因為不是直接加熱,所以不用擔心會燒焦。
此外,將要隔水加熱的材料先掰開、切成小塊,會更
容易融化,能夠增加製作效率。

BROWNIE 02# 棉花糖焦糖布朗尼

融化變軟的焦糖，成就更奢華的美味。
口感濕潤滑順，讓人忍不住綻放笑容。

[材料] 20.5×16×3cm的烤盤1個份

A 黑巧克力 … 2片
　　奶油（無鹽）… 50g
牛奶糖（市販品）… 3至4顆
低筋麵粉 … 50g
B 咖啡（粉末）… 1/2小匙
　　蛋 … 2個
　　細砂糖 … 70g
　　鹽 … 1小撮
棉花糖 … 30g

[前置作業]

• 將 **A** 料中的巧克力掰開，放入調理盆中，
　加入奶油，隔水加熱至融化。
• 將牛奶糖切成5mm丁狀。
• 將低筋麵粉過篩。

[作 法]

1 將 **B** 料依表列順序，加入裝有 **A** 料的調理盆
中，垂直握住打蛋器慢慢攪拌。再加入低筋麵
粉及牛奶糖，每次加入都以同樣方式混合。

2 將步驟**1**的材料倒入鋪有烘焙紙的烤盤，灑上
棉花糖。放入已預熱至160度的烤箱，烘烤約
23分鐘，烤至插入竹籤會沾有一點麵糰的狀
態即可取出，放涼後完成。

BROWNIE 03# 蜜棗乾黑糖布朗尼

蘭姆酒的香氣和黑糖的濃厚甜味，作出味道豐富的布朗尼。
再加上蜜棗乾恰到好處的酸味，完成最佳組合滋味。

[材料] 20.5×16×3cm的烤盤1個份

A 黑巧克力 … 2片
　　奶油（無鹽）… 50g
低筋麵粉 … 60g
B 咖啡（粉末）… 1/2小匙
　　蘭姆酒 … 1大匙
　　蛋 … 2個
　　黑糖（粉末）… 50g
　　鹽 … 1小撮
蜜棗（乾）… 9至10顆

[前置作業]

• 將 **A** 料中的巧克力掰開，放入調理盆中，
　加入奶油，隔水加熱至融化。
• 將低筋麵粉過篩。

[作 法]

1 將 **B** 料依表列順序，加入裝有 **A** 料的調理盆
中，垂直握住打蛋器慢慢攪拌。加入低筋麵
粉，以同樣方式混合。

2 將步驟**1**的材料倒入鋪有烘焙紙的烤盤，灑上
蜜棗乾。放入已預熱至160度的烤箱，烘烤約
23分鐘，烤至插入竹籤會沾有一點麵糰的狀
態即可取出，放涼後即完成。

| CAKE | BROWNIE

蜂蜜檸檬布朗迪

以白巧克力製作的布朗尼稱為「布朗迪」。
清爽的檸檬和帶有甜味的麵糰非常搭配。

[材料] 20.5×16×3cm的烤盤1個份

檸檬 … 1個
蜂蜜 … 2至3大匙
A 白巧克力 … 2片
┃ 奶油（無鹽）… 40g
低筋麵粉 … 70g
B 蛋 … 2個
┃ 細砂糖 … 30g
┃ 鹽 … 1小撮

[前置作業]

• 檸檬將皮磨下後，切成2至3mm厚的
  圓片。將檸檬片與蜂蜜混合，放置1
  小時，取出9片以備裝飾用，剩下的
  大致切碎。
  ※與蜂蜜混合後的檸檬汁預留2大匙。

• 將 **A** 料中的巧克力掰開，放入調理
  盆中，加入奶油，隔水加熱至融化。

• 將低筋麵粉過篩。

[作法]

1 將 **B** 料依表列順序，加入裝有 **A** 料
的調理盆中，垂直握住打蛋器慢慢攪
拌。加入低筋麵粉，以及大致切碎的
檸檬、檸檬汁2大匙以及檸檬皮，每次
加入都以相同方式混合。

2 將步驟**1**的材料倒入鋪有烘焙紙的烤
盤，放上裝飾用的檸檬。放入已預熱
至160度的烤箱，烘烤約23分鐘，烤
至插入竹籤會沾有一點麵糰的狀態即
可取出，放涼後即完成。

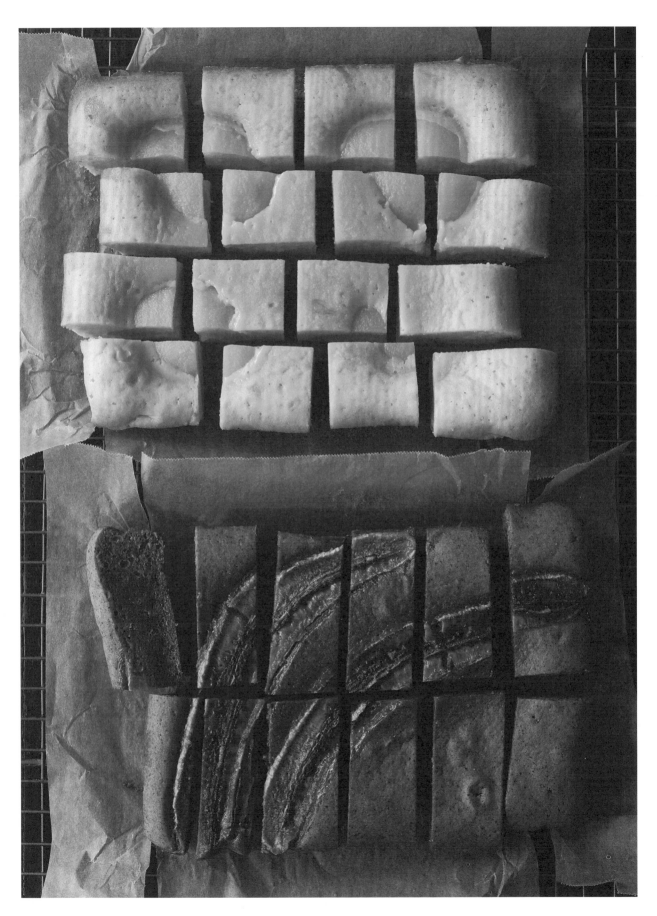

BROWNIE 05#

白桃布朗迪

濕潤的蛋糕體×多汁的白桃，作出滋味豐厚的蛋糕。
除了白桃之外，也可以使用黃桃、鳳梨、奇異果或蘋果製作。

[材料] 20.5×16×3cm的烤盤1個份

A 白巧克力 … 2片
⎮ 奶油（無鹽）… 50g
低筋麵粉 … 70g
白桃罐頭（剖半）… 4片
B 蛋 … 2個
⎮ 細砂糖 … 30g
⎮ 鹽 … 1小撮

[前置作業]

• 將 **A** 料中的巧克力掰開，放入調理盆中，加入奶油，隔水加熱至融化。
• 將低筋麵粉過篩。
• 白桃以紙巾擦去表面水分。

[作法]

1 將 **B** 料依表列順序，加入裝有 **A** 料的調理盆中，垂直握住打蛋器慢慢攪拌。加入低筋麵粉，以相同方式混合。

2 將步驟 **1** 的材料倒入鋪有烘焙紙的烤盤，放上白桃。放入已預熱至160度的烤箱，烘烤約23分鐘，烤至插入竹籤會沾有一點麵糰的狀態即可取出，放涼後即完成。

BROWNIE 06#

抹茶香蕉布朗迪

微苦的抹茶蛋糕體襯托出香蕉的甘甜。
大膽地放上整根香蕉，作出令人印象深刻的成品。

[材料] 20.5×16×3cm的烤盤1個份

A 白巧克力 … 2片
⎮ 奶油（無鹽）… 40g
香蕉 … 1根
B 低筋麵粉 … 70g
⎮ 抹茶 … 稍少於2大匙（10g）
C 蛋 … 2個
⎮ 細砂糖 … 30g
⎮ 鹽 … 1小撮

[前置作業]

• 將 **A** 料中的巧克力掰開，放入調理盆中，加入奶油，隔水加熱至融化。
• 將香蕉縱切成一半。
• 將 **B** 料混合過篩。

[作法]

1 將 **C** 料依表列順序，加入裝有 **A** 料的調理盆中，垂直握住打蛋器慢慢攪拌。加入 **B** 料，以相同方式混合。

2 將步驟 **1** 的材料倒入鋪有烘焙紙的烤盤，放上香蕉。放入已預熱至160度的烤箱，烘烤約23分鐘，烤至插入竹籤會沾有一點麵糰的狀態即可取出，放涼後即完成。

MUFFIN

好吃的祕訣在於「將奶油、砂糖混入空氣攪拌至泛白」，
以及「將粉類以從底部翻攪上來的方式，快速攪拌混合」。
如此便能作出柔軟蓬鬆、彷彿要融化於口中的最佳成品。

01#

巧克力藍莓奶酥馬芬

若將藍莓混入麵糊攪拌，有時會發生果皮破裂的情形。
因此請在將麵糊倒入模具後再加入，或放在麵糊上。

[材料] 6個份

黑巧克力 … 1片
A 低筋麵粉 … 150g
　泡打粉 … 1小匙
奶油（無鹽）… 50g

砂糖 … 80g
蛋 … 1個
優格（無糖）… 50g
藍莓（冷凍可）… 80g
奶酥（參照下述）… 適量

[前置作業]

• 將巧克力大致切碎。
• 將 **A** 料混合過篩。
• 以微波爐（弱火）將奶油加熱30至40秒軟化。

[作法]

1.攪拌混合

將奶油及砂糖放入調理盆中，以打蛋器攪拌混合至泛白。

加入蛋，充分攪拌至砂糖融化。

將優格及 **A** 料加入，以刮刀將材料自底部翻攪上來，攪拌到沒有粉粒的程度。

加入巧克力，再次混合。

2.烘烤

將麵糊以湯匙平均裝進放有紙杯的馬芬模具裡。過程中，各放入1/6份量的藍莓，並以麵糊蓋上。

將奶酥平均放在麵糊上。放入已預熱至170度的烤箱，烘烤約30分鐘後取出後脫模，在蛋糕冷卻架上放涼即完成。

CRUMBLE
奶酥

[材料] 方便製作的份量

奶油（無鹽）… 20g
A 低筋麵粉、杏仁粉 … 各25g
　細砂糖 … 15g
　鹽、肉桂 … 各1小撮

[作法]

1　將奶油切成1cm丁狀，在使用前都放在冰箱冷藏。

2　將 **A** 料放入調理盆中快速混合，加入步驟**1**的奶油後，一邊以指腹捏碎，一邊以兩手快速混合成鬆散的細碎塊狀。

※若沒有馬上用完，放入密封容器裡冷凍，可以保存約一個禮拜。

CAKE ｜ MUFFIN

MUFFIN 02# 芒果椰子馬芬

充滿酥脆的椰子及濕潤的芒果。
散發南國的香氣，成就難以言喻的美妙滋味。

[材料] 6個份

白巧克力 … 1片
芒果（乾）… 50g
A 低筋麵粉 … 150g
　 泡打粉 … 1小匙
奶油（無鹽）… 50g
細砂糖 … 80g
蛋 … 1個
優格（無糖）… 60g
椰子（絲）… 適量

[前置作業]

- 將巧克力大致切碎，芒果切成2cm寬。
- 將 **A** 料混合過篩。
- 以微波爐（弱火）將奶油加熱30至40秒軟化。

[作 法]

1 將奶油及細砂糖放入調理盆中，以打蛋器攪拌混合至泛白。加入蛋，充分攪拌到細砂糖融化。再將優格及 **A** 料加入，以刮刀將材料自底部翻攪上來，攪拌到沒有粉粒的程度，加入巧克力與芒果，再次混合。

2 將步驟**1**的麵糊以湯匙平均裝進放有紙杯的馬芬模具裡，將椰子平均放在上。放入已預熱至170度的烤箱，烘烤約30分鐘後取出並脫模，在蛋糕冷卻架上放涼即完成。

MUFFIN 03# 番薯乾杏桃馬芬

可可麵糊襯托出番薯乾和杏桃的自然甘甜！
適合搭配日本茶，享受令人放鬆的點心時光。

[材料] 6個份

A 低筋麵粉 … 120g
　 可可粉 … 20g
　 泡打粉 … 1小匙
B 番薯乾 … 40g
　 杏桃（乾）… 40g
奶油（無鹽）… 50g
細砂糖 … 80g
蛋 … 1個
優格（無糖）… 60g

[前置作業]

- 將 **A** 料混合過篩。
- 將 **B** 料各切成2cm大小。
- 以微波爐（弱火）將奶油加熱30至40秒軟化。

[作 法]

1 將奶油及細砂糖放入調理盆中，以打蛋器攪拌混合至泛白。加入蛋，充分攪拌到細砂糖融化。將優格及 **A** 料加入，以刮刀將材料自底部翻攪上來，攪拌到沒有粉粒的程度，加入 **B** 料再次混合。

2 將步驟**1**的麵糊以湯匙平均裝進放有紙杯的馬芬模具裡。放入已預熱至170度的烤箱，烘烤約30分鐘後取出並脫模，在蛋糕冷卻架上放涼即完成。

04#
柳橙巧克力可可奶酥馬芬

酸甜的柳橙和巧克力是最棒的組合。
完整使用了柳橙的果皮和果肉，讓風味倍增。

[材料] 6個份

黑巧克力 … 1片

糖漬柳橙（參照右述）… 1個份

A 低筋麵粉 … 150g
　　泡打粉 … 1小匙

奶油（無鹽）… 50g

砂糖 … 80g

蛋 … 1個

優格（無糖）… 50g

磨碎的柳橙皮 … 1個份

可可奶酥（參照右述）… 適量

[前置作業]

• 將巧克力大致切碎。糖漬柳橙預留6片以
備裝飾用，剩下的切成1cm丁狀。

• 將**A**料混合過篩。

• 以微波爐（弱火）將奶油加熱30至40秒
軟化。

[作法]

1 將奶油及砂糖放入調理盆中，以打蛋
器攪拌混合至泛白。加入蛋，充分攪
拌到砂糖融化。將優格及**A**料加入，
以刮刀將材料自底部翻攪上來，攪拌
到沒有粉粒的程度，加入巧克力和切
成1cm丁狀的糖漬柳橙與柳橙皮，再次
混合。

2 將步驟**1**的麵糊以湯匙平均裝進放有
紙杯的馬芬模具裡，將可可奶酥平均
放在上面，再各放1片裝飾用的柳橙。
放入已預熱至170度的烤箱，烘烤約
30分鐘後取出，將馬芬脫模，在蛋糕
冷卻架上放涼即完成。

CRUMBLE
可可奶酥
—

[材料] 方便製作的份量

奶油（無鹽）… 20g

A 低筋麵粉、杏仁粉 … 各15g
　　細砂糖 … 15g
　　可可粉 … 5g
　　鹽 … 1小撮

[作法]

1 將奶油切成1cm丁狀，在使用前都放在
冰箱冷藏。

2 將**A**料放入調理盆中快速混合，加入步
驟**1**的奶油，一邊以指腹捏碎，一邊以
兩手快速混合成鬆散的細碎塊狀。

　　※若沒有馬上用完，放入密封容器裡冷凍，
　　　可以保存約一個禮拜。

ORANGE SYRUP
糖漬柳橙
—

[材料] 方便製作的份量

柳橙（已磨去果皮）… 1個

A 細砂糖 … 50g
　　水 … 150mℓ

[作法]

1 將柳橙切成5mm厚的圓片。

2 將**A**料放入小鍋，以中火加熱，沸騰後
加入步驟**1**的柳橙。再次煮沸後轉為小
火，約煮10分鐘，直到柳橙的邊緣變成
半透明，留置於鍋內放涼即完成。

MUFFIN 05# 煉乳可可餅乾馬芬

亮點在以手豪邁掰開的可可餅乾。
令人驚喜的份量，讓身心都滿足。

[材料] 6個份

A 低筋麵粉 … 150g
　泡打粉 … 1小匙
奶油（無鹽）… 50g
砂糖 … 50g
煉乳 … 2大匙
蛋 … 1個
優格（無糖）… 30g
可可餅乾（中間夾奶油）… 8片

[前置作業]

• 將 **A** 料混合過篩。
• 以微波爐（弱火）將奶油加熱30至
　40秒軟化。

[作 法]

1 將奶油、砂糖及煉乳放入調理盆中，以打蛋器
攪拌混合至泛白。加入蛋，充分攪拌到砂糖融
化。再將優格及 **A** 料加入，以刮刀將材料自
底部翻攪上來，攪拌到沒有粉粒的程度。

2 將步驟**1**的麵糊以湯匙平均裝進放有紙杯的馬
芬模具裡，平均插上掰成2至3等分的可可餅
乾。放入已預熱至170度的烤箱，烘烤約30分
鐘後取出，將馬芬脫模，在蛋糕冷卻架上放涼
即完成。

MUFFIN 06# 巧克力奶酥馬芬

可可奶酥×可可麵糊，作出最棒的美好味道。
讓喜歡巧克力的人欲罷不能，濃厚的滋味令人上癮。

[材料] 6個份

黑巧克力 … 1片
A 低筋麵粉 … 120g
　可可粉 … 20g
　泡打粉 … 1小匙
奶油（無鹽）… 50g
砂糖 … 80g
蛋 … 1個
優格（無糖）… 50g
可可奶酥（參照P.73）… 適量

[前置作業]

• 將巧克力大致切碎。
• 將 **A** 料混合過篩。
• 以微波爐（弱火）將奶油加熱30至
　40秒軟化。

[作 法]

1 將奶油及砂糖放入調理盆中，以打蛋器攪拌混
合至泛白。加入蛋，充分攪拌到砂糖融化。將
優格及 **A** 料加入，以刮刀將材料自底部翻攪
上來，攪拌到沒有粉粒的程度，加入巧克力後
再次混合。

2 將步驟**1**的麵糊以湯匙平均裝進放有紙杯的馬
芬模具裡，將可可奶酥平均放在上面。放入已
預熱至170度的烤箱，烘烤約30分鐘後取出，
將馬芬脫模，在蛋糕冷卻架上放涼即完成。

POUND CAKE

為了不要讓奶油或巧克力與粉類分離，
請確實按照食譜寫的時間點放入！
將巧克力先融化後再加入，就能完成味道濃厚的磅蛋糕。

POUND CAKE

01#

香料巧克力磅蛋糕

香料選擇自己喜歡的或是家中有的即可。
少量地加入一些，就能作出有深度的味道。

[材料] 18×8×6cm的磅蛋糕模具1個份

黑巧克力 … 1片

A 低筋麵粉 … 75g

可可粉 … 20g

泡打粉 … 1小匙

香料（肉桂、小豆蔻、多香果等）
… 少許

B 奶油（無鹽）… 90g

細砂糖 … 50g

杏仁粉 … 30g

蛋 … 2個

[前置作業]

• 將巧克力掰開放入調理盆中，隔水加熱至融化。

• 將**A**料混合過篩。

• **B**料中的奶油以微波爐（弱火）加熱30至40秒軟化。

[作法]

1.攪拌混合

將**B**料放入調理盆中，以打蛋器攪拌混合至泛白。

將蛋少量多次加入，充分混合避免分離。

加入巧克力並混合。

將**A**料加入。

2.烘烤

以刮刀將材料自底部翻攪上來，充分攪拌到沒有粉粒的程度。

將麵糊以刮刀舀入鋪有烘焙紙的模具中，將表面抹平，並使中央凹陷一些。

放入已預熱至170度的烤箱，烘烤約35分鐘，以竹籤刺入蛋糕破裂處，若沒有沾黏麵糊，即可出爐。脫模後在蛋糕冷卻架上放涼，完成。

POINT

將烘焙紙置於磅蛋糕模具底下，沿著模具摺出摺痕，剪開4個角落。如此就能貼合大小，方便鋪於模具中。

POUND CAKE 02# 覆盆子巧克力脆片磅蛋糕

使用白＆黑兩種巧克力，讓甜味有更多變化！
加上酸酸甜甜的覆盆子，作出最幸福的好滋味。

[材料] 18×8×6cm的磅蛋糕模具1個份

巧克力（白、黑）… 各1片

A 低筋麵粉 … 100g
　泡打粉 … 1小匙

B 奶油（無鹽）… 90g
　細砂糖 … 50g
　杏仁粉 … 30g

蛋 … 2個

覆盆子（冷凍可）… 50g

[前置作業]

• 將白巧克力掰開放入調理盆中，隔水
　加熱至融化。黑巧克力大致切碎。
• 將 **A** 料混合過篩。
• **B** 料中的奶油以微波爐（弱火）加熱
　30至40秒軟化。

[作法]

1 將 **B** 料放入調理盆中，以打蛋器攪拌混合
　至泛白。將蛋少量多次加入，充分混合。
　加入白巧克力並混合，將 **A** 料加入，以
　刮刀將材料自底部翻攪上來，充分攪拌到
　沒有粉粒的程度。再加入黑巧克力及覆盆
　子，輕輕地混合。

2 將步驟 **1** 的麵糊以刮刀舀入鋪有烘焙紙的
　模具中，將表面抹平，並使中央凹陷一
　些。放入已預熱至170度的烤箱，烘烤約
　35分鐘，以竹籤刺入，若沒有沾黏麵糊即
　可出爐。脫模後在蛋糕冷卻架上放涼，完
　成。

POUND CAKE 03# 蘭姆葡萄乾巧克力磅蛋糕

能充分享受到蘭姆酒香氣的幸福味道。
灑在表面的杏仁所散發出的香味也令人食指大動。

[材料] 18×8×6cm的磅蛋糕模具1個份

黑巧克力 … 1片

A 低筋麵粉 … 75g
　可可粉 … 20g
　泡打粉 … 1小匙

B 奶油（無鹽）… 90g
　細砂糖 … 50g
　杏仁粉 … 30g

蛋 … 2個

蘭姆葡萄乾（市販品）… 50g

杏仁片（烘烤過）… 適量

[前置作業]

• 將巧克力掰開放入調理盆中，隔水加
　熱至融化。
• 將 **A** 料混合過篩。
• **B** 料中的奶油以微波爐（弱火）加熱
　30至40秒軟化。

[作法]

1 將 **B** 料放入調理盆中，以打蛋器攪拌混合
　至泛白。將蛋少量多次加入，充分混合。
　再加入巧克力並混合，將 **A** 料加入，以刮
　刀將材料自底部翻攪上來，充分攪拌到沒
　有粉粒的程度。加入蘭姆葡萄乾，輕輕地
　混合。

2 將步驟 **1** 的麵糊以刮刀舀入鋪有烘焙紙的
　模具中，將表面抹平，使中央凹陷一些，
　灑上杏仁片。放入已預熱至170度的烤
　箱，烘烤約35分鐘，以竹籤刺入，若沒有
　沾黏麵糊即可出爐。脫模後在蛋糕冷卻架
　上放涼，完成。

04[#] 紅茶白巧克力磅蛋糕

淋上滿滿白巧克力的華麗蛋糕。
奢侈的食感，拿來招待客人或作為禮物都很適合！

[材料] 18×8×6cm的磅蛋糕模具1個份

白巧克力 … 3片
A 低筋麵粉 … 90g
　 泡打粉 … 1小匙
B 奶油（無鹽）… 90g
　 細砂糖 … 50g
　 杏仁粉 … 30g
蛋 … 2個
紅茶葉（阿薩姆）
　　… 1茶包份（約3g）

[前置作業]

• 將1片巧克力掰開放入調理盆中，隔
　水加熱至融化。
• 將 **A** 料混合過篩。
• **B** 料中的奶油以微波爐（弱火）加熱
　30至40秒軟化。

[作法]

1 將 **B** 料放入調理盆中，以打蛋器攪拌
　混合至泛白。將蛋少量多次加入，充
　分混合。加入融化的巧克力並混合，
　將 **A** 料與紅茶葉加入，以刮刀將材料
　自底部翻攪上來，充分攪拌到沒有粉
　粒的程度。

2 將步驟 **1** 的麵糊以刮刀舀入鋪有烘焙
　紙的模具中，將表面抹平並使中央
　凹陷一些。放入已預熱至170度的烤
　箱，烘烤約35分鐘，以竹籤刺入，若
　沒有沾黏麵糊即可出爐。脫模後在蛋
　糕冷卻架上放涼。

3 將2片巧克力掰開放入調理盆中，隔水
　加熱融化。淋在步驟 **2** 的蛋糕上，靜
　置待巧克力凝固即完成。

GATEAU AU CHOCOLAT

若能夠自己作一定非常高興的古典巧克力蛋糕。

因為是水分含量多的麵糰，所以以竹籤刺入會沾黏些許麵糰就是完成了。

熱騰騰剛作出來的絕對美味，冰過再吃也非常好吃！

古典巧克力蛋糕

GATEAU AU CHOCOLAT 01#

把巧克力的美味完全濃縮的正統味道！
大把放入胡桃，作出令人愉快的蛋糕。

[材料] 直徑15cm的圓形模具1個份

黑巧克力 … 2片
A 低筋麵粉 … 70g
　可可粉 … 10g
　泡打粉 … 1小匙

奶油（無鹽）… 70g
細砂糖 … 50g
蛋 … 2個
胡桃（烘烤過）… 50g

[前置作業]

● 將巧克力掰開放入調理盆中，隔水加熱至融化。
● 將 **A** 料混合過篩。
● 以微波爐（弱火）將奶油加熱30至40秒軟化。

[作法]

1.攪拌混合

將奶油及細砂糖放入調理盆中，以打蛋器攪拌混合至泛白。

加入巧克力並快速混合。

一次加入一個蛋，每次加入時都充分混合。

將 **A** 料也加入，垂直握住打蛋器慢慢攪拌，避免空氣混入，再加入胡桃，輕輕地混合。

2.烘烤

POINT

將麵糰倒入鋪有烘焙紙的模具中。

放入已預熱至170度的烤箱，烘烤約30分鐘。

以竹籤刺入會沾黏些許麵糰即可出爐，連著模具放涼後即完成。

以圓形模具烤蛋糕時，可以使用市販的圓形模具專用烘焙紙，非常方便。若沒有專用烘焙紙，請備好沿模具底面剪成圓形的、以及依側面高度剪成長方形的烘焙紙。

02# 甘納豆肉桂巧克力蛋糕

肉桂的香氣讓風味更佳，香料味濃厚！
甘納豆×巧克力的沉穩味道也充滿新鮮感！

[材料] 直徑15cm的圓形模具1個份

黑巧克力 … 2片

A 低筋麵粉 … 70g
　可可粉 … 1大匙
　泡打粉 … 1小匙
　肉桂粉 … 1/2小匙

奶油（無鹽）… 70g

細砂糖 … 50g

蛋 … 2個

甘納豆 … 80g

[前置作業]

• 將巧克力掰開放入調理盆中，隔水加
　熱至融化。

• 將 **A** 料混合過篩。

• 以微波爐（弱火）將奶油加熱30至
　40秒軟化。

[作法]

1 將奶油及細砂糖放入調理盆中，以打蛋器攪拌混合至泛白。加入巧克力並快速混合，將蛋一次加入一個，每次加入都充分混合。將 **A** 料加入，垂直握住打蛋器慢慢攪拌，避免空氣混入。

2 將步驟 **1** 的麵糊倒入鋪有烘焙紙的模具中，灑上甘納豆，放入已預熱至170度的烤箱，烘烤約30分鐘。以竹籤刺入會沾黏些許麵糰即可出爐，連著模具放涼後即完成。

03# 無花果威士忌巧克力蛋糕

結合了香醇的威士忌和味道濃厚的無花果，
美味更加升級！是不會輸給店家的好滋味。

[材料] 直徑15cm的圓形模具1個份

黑巧克力 … 2片

A 低筋麵粉 … 70g
　可可粉 … 10g
　泡打粉 … 1小匙

奶油（無鹽）… 70g

細砂糖 … 50g

B 蛋 … 1個
　蛋黃 … 1個
　威士忌 … 50mℓ

無花果（半乾）… 50g

[前置作業]

• 將巧克力掰開放入調理盆中，隔水加
　熱至融化。

• 將 **A** 料混合過篩。

• 以微波爐（弱火）將奶油加熱30至
　40秒軟化。

[作法]

1 將奶油及細砂糖放入調理盆中，以打蛋器攪拌混合至泛白。加入巧克力並快速混合，將 **B** 料依表列順序加入，每次加入都充分混合。將 **A** 料加入，垂直握住打蛋器慢慢攪拌，避免空氣混入。

2 將步驟 **1** 的麵糊倒入鋪有烘焙紙的模具中，灑上無花果，放入已預熱至170度的烤箱，烘烤約30分鐘。以竹籤刺入會沾黏些許麵糰即可取出，連著模具放涼後即完成。

GATEAU AU
CHOCOLAT

04#

鳳梨巧克力蛋糕

在多汁的鳳梨上加點黑胡椒。
不會過甜,呈現美味凝聚的感覺。

[材料] 直徑15cm的圓形模具1個份

黑巧克力 … 2片
鳳梨 … 80g
A 低筋麵粉 … 70g
　　可可粉 … 10g
　　泡打粉 … 1小匙
奶油(無鹽) … 70g
細砂糖 … 50g
黑胡椒 … 少許
蛋 … 2個

[前置作業]

• 將巧克力掰開放入調理盆中,隔水加
　熱至融化。
• 將鳳梨切成3至4cm丁狀。
• 將 **A** 料混合過篩。
• 以微波爐(弱火)將奶油加熱30至
　40秒軟化。

[作 法]

1 將奶油、細砂糖及黑胡椒放入調理盆
中,以打蛋器攪拌混合至泛白。加入
巧克力並快速混合,將蛋一次加入一
個,每次加入都充分混合。將 **A** 料加
入,垂直握住打蛋器慢慢攪拌,避免
空氣混入。

2 將步驟 **1** 的麵糊倒入鋪有烘焙紙的模
具中,灑上鳳梨,放入已預熱至170度
的烤箱,烘烤約30分鐘。以竹籤刺入
會沾黏些許麵糰即可出爐,連著模具
放涼後即完成。

CAKE ｜ GATEAU AU CHOCOLAT

(87)

烘焙 良品 85

CHOCOLATE BAKE

板狀巧克力就能作！

日常の巧克力甜點

簡單不失敗的50道餅乾‧馬芬‧蛋糕食譜

....

作　　　者／ムラヨシマサユキ
譯　　　者／蔣君莉
發　行　人／詹慶和
總　編　輯／蔡麗玲
執　行　編　輯／陳昕儀
編　　　輯／蔡毓玲‧劉蕙寧‧黃璟安‧陳姿伶‧李宛真
執　行　美　編／周盈汝
美　術　編　輯／陳麗娜‧韓欣恬
內　頁　排　版／造極
出　版　者／良品文化館
發　行　者／雅書堂文化事業有限公司
郵政劃撥帳號／18225950
戶　　　名／雅書堂文化事業有限公司
地　　　址／220 新北市板橋區板新路 206 號 3 樓
電　子　信　箱／elegant.books@msa.hinet.net
電　　　話／(02)8952-4078
傳　　　真／(02)8952-4084

....

2018 年 11 月初版一刷　定價 350 元

....

CHOCOLATE BAKE by Masayuki Murayoshi
Copyright © 2016 MASAYUKI MURAYOSHI
All rights reserved.
Originally Japanese edition published by SHUFU-TO-SEIKATSU
SHA LTD., Tokyo.

This Complex Chinese language edition is published by
arrangement with SHUFU-TO-SEIKATSU SHA LTD., Tokyo in
care of Tuttle-Mori Agency, Inc., Tokyo through Keio Cultural
Enterprise Co., Ltd., New Taipei City.

....

經銷／易可數位行銷股份有限公司
地址／新北市新店區寶橋路 235 巷 6 弄 3 號 5 樓
電話／（02）8911-0825 傳真／（02）8911-0801

....

版權所有‧翻印必究
（未經同意，不得將本書之全部或部分內容使用刊載）
本書如有缺頁，請寄回本公司更換

staff

────────────────

設計／高橋朱里、菅谷真理子（マルサンカク）
攝影／福尾美雪
取材‧造形／中田裕子
料理助手／金子美咲
校對／滄流社
編輯／上野まどか
攝影協助／UTUWA、TITLES

國家圖書館出版品預行編目(CIP)資料

板狀巧克力就能作!日常の巧克力甜點：簡單不
失敗的50道餅乾.馬芬.蛋糕食譜 / ムラヨシマサ
ユキ著；蔣君莉譯. -- 初版. -- 新北市：良品文
化館出版：雅書堂文化發行, 2018.11
　　面；　公分. -- (烘焙良品；85)
ISBN 978-986-96977-3-6(平裝)

1.點心食譜

427.16　　　　　　　　　　　　107018299

CHOCOLATE
BAKE

烘焙良品 19
愛上水果酵素手作好料
作者：小林順子
定價：300元
19×26公分·88頁·全彩

烘焙良品 20
自然味の手作甜食
50道天然食材＆愛不釋手
的 Natural Sweets
作者：青山有紀
定價：280元
19×26公分·96頁·全彩

烘焙良品 21
好好吃の格子鬆餅
作者：Yukari Nomura
定價：280元
21×26cm·96頁·彩色

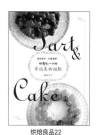

烘焙良品 22
好想吃一口的
幸福果物甜點
作者：福田淳子
定價：350元
19×26cm·112頁·彩色＋單色

烘焙良品 23
瘋狂愛上！有幸福味の
百變司康＆比司吉
作者：藤田千秋
定價：280元
19×26 cm·96頁·全彩

烘焙良品 25
Always yummy！
來學當令食材作的人氣甜點
作者：磯谷仁美
定價：280元
19×26 cm·104頁·全彩

烘焙良品 26
一個中空模型就能作！
在家作天然酵母麵包＆蛋糕
作者：熊崎朋子
定價：280元
19×26cm·96頁·彩色

烘焙良品 27
用好油，在家自己作點心：
天天吃無負擔·簡單作又好吃
作者：オズボーン未奈子
定價：320元
19×26cm·96頁·彩色

烘焙良品 28
愛上麵包機：按一按，超好
作の45款土司美味出爐！
使用生種酵母＆速發酵母配方都OK！
作者：桑原奈津子
定價：280元
19×26cm·96頁·彩色

烘焙良品 29
Q軟喔！自己輕鬆「養」玄米
酵母 作好吃的30款麵包
養酵母3步驟，新手零失敗！
作者：小西香奈
定價：280元
19×26cm·96頁·彩色

烘焙良品 30
從養水果酵母開始，
一次學會究極版老麵×法式
甜點麵包30款
作者：太田幸子
定價：280元
19×26cm·88頁·彩色

烘焙良品 31
麵包機作的唷！
微油烘焙38款天然酵母麵包
作者：濱田美里
定價：280元
19×26cm·96頁·彩色

烘焙良品 32
在家輕鬆作，
好食味養生甜點＆蛋糕
作者：上原まり子
定價：280元
19×26cm·80頁·彩色

烘焙良品 33
和風新食感·
超人氣白色馬卡龍：
40種和菓子內餡的精緻甜點筆記！
作者：向谷地馨
定價：280元
17×24cm·80頁·彩色

烘焙良品 34
48道麵包機食譜特集！
好吃不發胖的低卡麵包PART.3
作者：茨木くみ子
定價：280元
19×26cm·80頁·彩色

烘焙良品 35
最詳細の烘焙筆記書I
從零開始學餅乾＆奶油麵包
作者：稻田多佳子
定價：350元
19×26cm·136頁·彩色

烘焙良品 36
彩繪糖霜手工餅乾
內附156種手繪圖例
作者：星野彰子
定價：280元
17×24cm·96頁·彩色

烘焙良品 37
東京人氣名店
VIRONの私房食譜大公開
自家烘焙5星級法國麵包！
作者：牛尾則明
定價：320元
19×26cm·96頁·彩色

烘焙良品 38
最詳細の烘焙筆記書II
從零開始學起司蛋糕＆瑞士卷
作者：稻田多佳子
定價：350元
19×26cm·136頁·彩色

烘焙良品 39
最詳細の烘焙筆記書III
從零開始學戚風蛋糕＆巧克力蛋糕
作者：稻田多佳子
定價：350元
19×26cm·136頁·彩色

好評推薦

烘焙良品40
美式甜心So Sweet！
手作可愛の紐約風杯子蛋糕
作者：Kazumi Lisa Iseki
定價：380元
10×26cm · 136頁 · 彩色

烘焙良品41
法式原味＆經典配方：
在家輕鬆作美味的塔
作者：相原一吉
定價：280元
10×26公分 · 06頁 · 彩色

烘焙良品42
法式經典甜點
貴氣金磚蛋糕：費南雪
作者：菅又亮輔
定價：280元
10×26公分 · 06頁 · 彩色

烘焙良品43
麵包機OK！初學者也能作
黃金比例の天然酵母麵包
作者：濱田美里
定價：280元
10×26公分 · 104頁 · 彩色

好評推薦

烘焙良品44
食尚名廚の超人氣法式土司
全錄！日本30家法國吐司名店
授權：辰巳出版株式会社
定價：320元
10×26 cm · 104頁 · 全彩

好評推薦

烘焙良品45
磅蛋糕聖經
作者：福田淳子
定價：280元
19×26公分 · 88頁 · 彩色

烘焙良品46
享瘦甜食！
砂糖OFFの豆渣馬芬蛋糕
作者：粟辻早重
定價：280元
21×20公分 · 72頁 · 彩色

烘焙良品47
一人喫剛剛好！零失敗の
42款迷你戚風蛋糕
作者：鈴木理惠子
定價：320元
19×26公分 · 136頁 · 彩色

烘焙良品48
省時不失敗の聰明烘焙法
冷凍麵團作點心
作者：西山朗子
定價：280元
19×26公分 · 96頁 · 彩色

烘焙良品49
棍子麵包 · 歐式麵包 · 山形吐司
揉麵＆漂亮成型烘焙書
作者：山下珠緒 · 倉八冴子
定價：320元
19×26公分 · 120頁 · 彩色

烘焙良品66
清新烘焙 · 酸甜好滋味の
檸檬甜點45
作者：若山曜子
定價：350元
18.5 × 24.6 cm · 80頁 · 彩色

CHOCOLATE
BAKE